もくじ

教育出版版
小学算数
3年　準拠

JN085132

教科書の内容

教科書

上

教科書 下

1　かけ算のきまり
（かけ算のきまり ①）

／100点

1 計算をしましょう。　　　　　　　　　　1つ7〔28点〕

① 2×0　　　　　　　② 9×0

③ 0×3　　　　　　　④ 0×8

2 下の6のだんの九九の表について答えましょう。　1つ6〔24点〕

かける数

	1	2	3	4	5	6	7	8	9
かけられる数 6	㋐	12	18	24	㋑	36	㋒	48	54

① 表の㋐から㋒にあてはまる数は、いくつでしょうか。

㋐（　　　　） ㋑（　　　　） ㋒（　　　　）

② かける数が1ふえると、かけ算の答え
はいくつふえるでしょうか。　　　　　（　　　　）

3 □にあてはまる数を書きましょう。　　　1つ8〔48点〕

① 6×4=4×□　　　　② 8×□=9×8

③ 3×7=3×6+□　　　④ 5×6=5×□+5

⑤ 7×3=7×4−□　　　⑥ 9×7=9×□−9

答えは
65ページ

かくにん **1**

1 かけ算のきまり
（かけ算のきまり ①）

月　　　日

／100点

1 計算をしましょう。 1つ6〔24点〕

① 5×0

② 0×2

③ 0×10

④ 0×0

2 □にあてはまる数を書きましょう。 1つ12〔36点〕

①
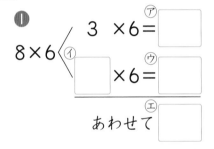

②
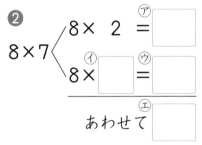

③ 8×7＝(3×7)＋(□×7)

3 □にあてはまる数を書きましょう。 1つ10〔40点〕

①
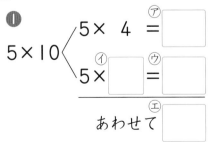

②
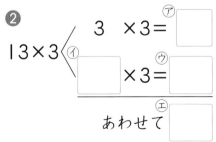

③ 10×9＝□

④ 14×5＝□

答えは 65ページ

2　時こくと時間

1 次の問題に答えましょう。　　　1つ10〔30点〕

① 午後2時50分から50分後の時こく
は何時何分でしょうか。

（　　　　　　　　　）

② 午後2時50分の35分前の時こくは
何時何分でしょうか。　（　　　　　　　　　）

③ 25分間と15分間をあわせた時間は何分間でしょう
か。　　　　　　　　　（　　　　　　　　　）

2 □にあてはまる数を書きましょう。　　1つ10〔40点〕

① 110秒=□分□秒　② 3分20秒=□秒

③ 75分=□時間□分　④ 2時間5分=□分

3 □にあてはまる単位を書きましょう。　　1つ10〔30点〕

① かんらん車が1しゅうする時間　　13 □

② 横だん歩道をわたるのにかかる時間　20 □

③ 1日のうちで起きている時間　　14 □

答えは
65ページ

2　時こくと時間

/100点

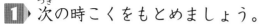

1 次の時こくをもとめましょう。　　　　　　　　1つ15〔30点〕

① 午前 9 時 40 分の 1 時間 10 分前の時こく

（　　　　　　　　　）

② 午前 7 時 55 分から 1 時間 35 分後の時こく

（　　　　　　　　　）

2 次の時間は何時間何分でしょうか。　　　　　　1つ10〔30点〕

① 午前 8 時 30 分から午前 9 時 50 分までの時間

（　　　　　　　　　）

② 午後 1 時 25 分から午後 3 時 10 分までの時間

（　　　　　　　　　）

③ 午前 9 時 10 分から午後 1 時 5 分までの時間

（　　　　　　　　　）

3 □にあてはまる数を書きましょう。　　　　　　1つ10〔40点〕

① 99 分＝ □ 時間 □ 分　　② 3 時間 6 分＝ □ 分

③ 123 秒＝ □ 分 □ 秒　　④ 4 分 17 秒＝ □ 秒

答えは
65ページ

月　　日

きほん 4

3　たし算とひき算
（たし算とひき算 ①）

／100点

1 計算をしましょう。　　　　　　　　1つ8〔72点〕

①
```
   7 5 1
 + 1 4 6
```

②
```
   2 7 8
 +   5 1
```

③
```
   2 4 7 3
 + 5 1 6 8
```

④ 693＋249

⑤ 526＋78

⑥ 548＋703

⑦ 254＋723

⑧ 1234＋5678

⑨ 1937＋3063

2 みきさんは 729 円、妹は 187 円持っています。あわせて何円持っているでしょうか。　　　1つ7〔14点〕

【式】

答え（　　　　　　　　）

3 ある日の遊園地の入場者数は、大人が 1287 人、子どもが 3406 人でした。あわせて何人でしょうか。　1つ7〔14点〕

【式】

答え（　　　　　　　　）

答えは
65ページ

10分

/100点

3　たし算とひき算
(たし算とひき算 ①)

1 計算をしましょう。 1つ8〔72点〕

① 　　3 1 2
　　+4 1 9

② 　　6 2 5
　　+　 8 3

③ 　　7 5 8 4
　　+1 6 9 7

④ 473+389

⑤ 407+295

⑥ 248+756

⑦ 328+640

⑧ 4085+3947

⑨ 459+7892

2 あるえい画館に入場した人数は、きのうが 395 人で、今日は 516 人でした。あわせて何人でしょうか。 1つ7〔14点〕

【式】

答え（　　　　　　　　）

3 けんさんは 3750 円、お兄さんは 5087 円持っています。あわせて何円持っているでしょうか。 1つ7〔14点〕

【式】

答え（　　　　　　　　）

答えは
66ページ

3　たし算とひき算
（たし算とひき算 ②）

/100点

1 計算をしましょう。　　　　　　　　　　1つ8〔72点〕

①
```
   938
 − 214
```

②
```
   315
 −  24
```

③
```
   5168
 − 2473
```

④ 708−65　　　　⑤ 801−7

⑥ 1000−876　　　⑦ 1056−678

⑧ 8361−5724　　　⑨ 7854−1623

2 色紙が 605 まいあります。そのうち 315 まい使いました。のこりは何まいでしょうか。　　　1つ7〔14点〕

【式】

答え（　　　　　　）

3 みかさんは、3265 円持っています。1148 円の本を1 さつ買うと、のこりは何円になるでしょうか。　1つ7〔14点〕

【式】

答え（　　　　　　）

3 たし算とひき算
(たし算とひき算 ②)

/100点

1 計算をしましょう。 1つ8〔72点〕

①
$$\begin{array}{r} 672 \\ -136 \\ \hline \end{array}$$

②
$$\begin{array}{r} 721 \\ -319 \\ \hline \end{array}$$

③
$$\begin{array}{r} 7584 \\ -1697 \\ \hline \end{array}$$

④ 503−246

⑤ 900−19

⑥ 1000−54

⑦ 8076−197

⑧ 6107−5798

⑨ 5334−2718

2 580円のコップと300円の皿を買い、1000円出しました。おつりは何円になるでしょうか。 1つ7〔14点〕

【式】

答え（　　　　　　　）

3 けんさんは4725円、お兄さんは9641円のちょ金があります。ちがいは何円でしょうか。 1つ7〔14点〕

【式】

答え（　　　　　　　）

答えは 66ページ

月　　日

10分

3　たし算とひき算

（たし算とひき算 ③）

／100点

1 ▶ 計算をしましょう。

1つ6〔48点〕

① 624＋235

② 794＋106

③ 2533＋4362

④ 5078＋3251

⑤ 935－684

⑥ 842－79

⑦ 7024－2948

⑧ 6504－861

2 ▶ □にあてはまる数を書いて、45＋27の暗算をしましょう。

〔12点〕

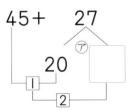

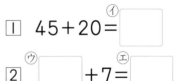

1 45＋20＝⟨イ⟩□

2 ⟨ウ⟩□＋7＝⟨エ⟩□

3 ▶ 暗算でしましょう。

1つ10〔40点〕

① 43＋25

② 62＋17

③ 45＋25

④ 34＋28

答えは
66ページ

3　たし算とひき算
（たし算とひき算 ③）

10分

／100点

1 計算をしましょう。　　　　　　　　　　　　1つ6〔48点〕

❶ 588＋267　　　　　　❷ 864＋58

❸ 6409＋2985　　　　　❹ 369＋7143

❺ 702－674　　　　　　❻ 400－28

❼ 9531－5678　　　　　❽ 2000－1059

2 □にあてはまる数を書いて、42－29の暗算をしましょう。　　　　　　　　　　　　　　　　〔12点〕

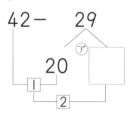

42－　29

20　㋐

1

2

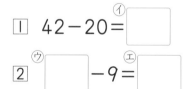

1　42－20＝ ㋑ □

2　㋒ □ －9＝ ㋓ □

3 暗算でしましょう。　　　　　　　　　　　1つ10〔40点〕

❶ 76－12　　　　　　　❷ 89－56

❸ 63－27　　　　　　　❹ 92－59

答えは
66ページ

3 たし算とひき算

（たし算とひき算 ④）

／100点

1️⃣ くふうして計算しましょう。　　　　　　　　1つ10〔60点〕

① 199＋520

② 290＋297

③ 400−196

④ 1000−888

⑤ 179＋46＋54

⑥ 498＋37＋193

2️⃣ ゆみさんは 398 円持っています。お母さんから 550
円もらいました。全部で何円になるでしょうか。　1つ8〔16点〕

【式】

答え（　　　　　　　）

3️⃣ 296 円のおかしを買います。　　　　　　　　1つ6〔24点〕

① 500 円玉ではらうと、おつりは何円になるでしょうか。

【式】

答え（　　　　　　　）

② 1000 円さつではらうと、おつりは何円になるでしょ
うか。

【式】

答え（　　　　　　　）

月　　　日

かくにん **7**

3　たし算とひき算

（たし算とひき算 ④）

／100点

1 くふうして計算しましょう。

1つ10〔70点〕

❶ 599＋210

❷ 150＋397

❸ 400−299

❹ 900−698

❺ 500＋72＋68

❻ 289＋25＋11

❼ 23＋81＋77

2 4色のおり紙があり、赤は 200 まい、青は 198 まい、黄は 600 まい、白は 122 まいあります。

1つ5〔30点〕

❶　赤と青は、あわせて何まいあるでしょうか。

【式】

答え（　　　　　　　　　）

❷　黄と青のまい数のちがいは、何まいでしょうか。

【式】

答え（　　　　　　　　　）

❸　青と黄と白は、あわせて何まいあるでしょうか。

【式】

答え（　　　　　　　　　）

答えは
66ページ

4　わり算
（わり算 ①）

/100点

1 りんごが 20 こあります。1 ふくろに 5 こずつ入れると、何ふくろに分けられるでしょうか。

1つ10〔60点〕

① わり算の式に表しましょう。　　　□ ÷ □

② 答えの見つけ方を考えます。□にあてはまる数を書きましょう。

㋐ 5 こずつ 2 ふくろ分　　　5 × □ = □

㋑ 5 こずつ 3 ふくろ分　　　5 × □ = □

㋒ 5 こずつ 4 ふくろ分　　　5 × □ = □

③ ①の式の答えは、何のだんの九九で見つけられるでしょうか。だんの数を答えましょう。　　（　　　）

④ 答えは、何ふくろでしょうか。　　（　　　）

2 次のわり算の答えは、何のだんの九九で見つけられるでしょうか。□にあてはまる数を書きましょう。

1つ10〔40点〕

① 18÷3 ⇨ □ のだん　② 54÷9 ⇨ □ のだん

③ 24÷4 ⇨ □ のだん　④ 42÷7 ⇨ □ のだん

4　わり算
（わり算 ①）

／100点

1 えんぴつが 28 本あります。4 人で同じ数ずつ分けると、1 人分は何本になるでしょうか。　　1つ10〔30点〕

① 　わり算の式に表しましょう。（　　　　　　　）

② 　①の式の答えは、何のだんの九九で見つけられるでしょうか。だんの数を答えましょう。（　　　　　　　）

③ 　答えは、何本でしょうか。（　　　　　　　）

2 色紙が 81 まいあります。9 まいずつたばにすると、何たばできるでしょうか。　　1つ11〔22点〕

【式】

答え（　　　　　　　）

3 27 このおはじきを、9 人で同じ数ずつ分けます。1 人分は何こになるでしょうか。　　1つ12〔24点〕

【式】

答え（　　　　　　　）

4 16 このりんごを、4 こずつ皿にのせます。皿は何まいいるでしょうか。　　1つ12〔24点〕

【式】

答え（　　　　　　　）

答えは **66ページ**

4　わり算

（わり算 ②）

/100点

1 えんぴつが 40 本あります。これを使って、40÷5 の式になる問題を 2 つつくりました。□にあてはまる数を書きましょう。また、答えをもとめましょう。　1つ20〔40点〕

㋐ 　□　本のえんぴつを 1 人に 　□　本ずつ配ると、何

人に分けられるでしょうか。　　　答え（　　　　　　　）

㋑ 　□　本のえんぴつを 　□　人で同じ数ずつ分けると、

1 人分は何本になるでしょうか。　　　答え（　　　　　　　）

2 計算をしましょう。　1つ6〔60点〕

① 18÷6　　　　　　② 21÷3

③ 14÷2　　　　　　④ 12÷6

⑤ 45÷5　　　　　　⑥ 64÷8

⑦ 6÷6　　　　　　⑧ 0÷4

⑨ 0÷7　　　　　　⑩ 3÷1

答えは 67ページ

4　わり算
（わり算 ②）

／100点

1 ☐にあてはまる数を書きましょう。　〔15点〕

40÷4 の計算のしかたを考えます。40 は 10 が ☐ こ

だから、☐ ÷ ☐ = ☐ より、40÷4 は 10 が

☐ こになるので、40÷4＝ ☐ です。

2 93÷3 の計算のしかたを考えます。☐にあてはまる数を書きましょう。　〔15点〕

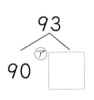

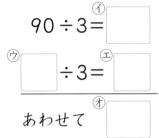

あわせて

1つ10〔40点〕

3 計算をしましょう。

① 20÷2

② 80÷4

③ 46÷2

④ 99÷9

4 63cm のリボンを同じ長さに 9 本に分けると、1 本分は何cm になるでしょうか。　1つ15〔30点〕

【式】

答え（　　　　　　　）

答えは
67ページ

月　　　日

5　長さ

／100点

1 下のまきじゃくの**❶**から**❹**のめもりをよみましょう。

1つ10〔40点〕

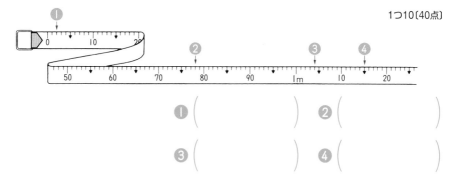

❶（　　　　　　　　） ❷（　　　　　　　　）

❸（　　　　　　　　） ❹（　　　　　　　　）

2 右の図を見て答えましょう。

1つ10〔40点〕

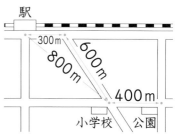

❶　駅から小学校までの道のり
は何mでしょうか。また、
きょりは何mでしょうか。

道のり（　　　　　　　　） きょり（　　　　　　　　）

❷　駅から小学校の前を通って公園までの道のりは何m
でしょうか。また、何km何mでしょうか。

（　　　　　　　　）（　　　　　　　　）

3 □にあてはまる数を書きましょう。

1つ10〔20点〕

❶　6km＝□m　　❷　3km150m＝□m

月　　日

5　長さ

／100点

1 ▶ □にあてはまる単位を書きましょう。

1つ10〔20点〕

① 大人が 1 時間に歩く道のり　　　　　　4 □

② 消しゴムの横の長さ　　　　　4 □ 5 □

2 ▶ 下のまきじゃくの①から③のめもりをよみましょう。

1つ10〔30点〕

```
    ①                        ②              ③
  90  17m  10   20   30   40   50   60   70   80   90   18m  10
```

① (　　　　　　　)　② (　　　　　　　)　③ (　　　　　　　)

3 ▶ □にあてはまる数を書きましょう。

1つ10〔20点〕

① 4705 m = □ km □ m

② 2090 m = □ km □ m

4 ▶ 下の図を見て、次の道のりが何 km 何 m か答えましょう。

1つ15〔30点〕

```
図書館      市役所              中学校  小学校
 |————900m————|————1700m————|——500m——|
```

① 市役所から中学校　　　② 図書館から小学校

(　　　　　　　)　　　　　(　　　　　　　)

答えは
67ページ

きほん 11

月　　日

10分

6　表とぼうグラフ
（表とぼうグラフ ①）

／100点

1 ▶ ひろみさんたちが、通りにある店の数を「正」の字を使って調べたら、下のようになりました。調べた店の数を、右の表に整理しましょう。　〔40点〕

食べ物屋	正正	病院	正丁
薬局	正一	花屋	一
コンビニエンスストア	正	本屋	一
パン屋	丁	おもちゃ屋	一

店の数調べ

店	数(けん)
食べ物屋	
薬局	
コンビニエンスストア	
パン屋	
病院	
その他	
合計	

2 ▶ 下のぼうグラフで、ぼうが表している大きさを書きましょう。

1つ20〔60点〕

❶
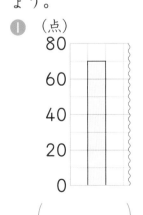
（点）
80
60
40
20
0

（　　　　）

❷
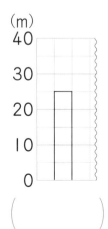
（m）
40
30
20
10
0

（　　　　）

❸
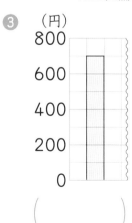
（円）
800
600
400
200
0

（　　　　）

答えは
67ページ

6 表とぼうグラフ
（表とぼうグラフ ①）

／100点

1 かずみさんは、友だち 25 人に赤、青、黄、緑、だいだい、黒、白の中からすきな色を1人1つずつえらんでもらいました。それぞれの色がすきな人の数を右の表に整理しましょう。 〔50点〕

青	緑	だいだい	赤	黄
赤	黒	だいだい	青	だいだい
黄	白	赤	黄	赤
だいだい	青	黄	緑	青
青	赤	赤	黄	緑

すきな色調べ

色	人数（人）
赤	
青	
黄	
緑	
だいだい	
その他	
合計	

2 右のぼうグラフは、3年生が1週間に図書室でかりた本の数を表したものです。 1つ25〔50点〕

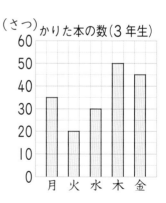

かりた本の数（3年生）

❶ たてのじくの1めもりは、何さつを表しているでしょうか。

（　　　　　　　）

❷ 3年生がかりた本の数がいちばん多い日といちばん少ない日では、何さつちがうでしょうか。

（　　　　　　　）

答えは
67ページ

6　表とぼうグラフ
（表とぼうグラフ ②）

／100点

1 ▶ 下の表は、けんとさんの組の人たちの、きぼうする係の人数を調べたものです。これを、ぼうグラフに表しましょう。　〔40点〕

きぼうする係調べ

しゅるい	しいく	図書	ほけん	新聞
人数（人）	13	5	6	10

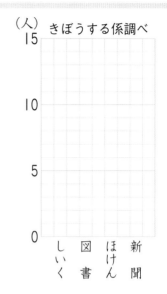

（人）　きぼうする係調べ

2 ▶ 右の表は、2年生と3年生で、虫歯のある人の数を、組ごとに調べたものです。　1つ12〔60点〕

① 3年2組で、虫歯のある人は、何人でしょうか。

（　　　　　）

虫歯調べ　　　　（人）

学年＼組	1組	2組	3組	合計
2年	4	8	5	17
3年	7	6	4	㋐
合計	㋑	14	㋒	㋓

② 表の㋐から㋓に入る数を答えましょう。

㋐（　　　　　）　　㋑（　　　　　）

㋒（　　　　　）　　㋓（　　　　　）

教科書 ⊕ 86〜91 ページ

月　　　日

10分

6　表とぼうグラフ

（表とぼうグラフ ②）

／100点

1 下の表は、あきらさんが１週間に運動した時間を調べたものです。これを、ぼうグラフに表しましょう。〔40点〕

運動した時間調べ

曜日	時間（分）
日	35
月	50
火	30
水	25
木	45
金	35
土	30

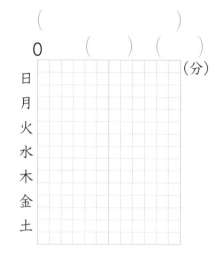

2 右の表は、２年生と３年生が１学期に休んだ人数を組ごとに調べたものです。表の⑦から⑳に入る数を書きましょう。

１つ10〔60点〕

１学期に休んだ人数調べ　　（人）

学年 ＼ 組	１組	２組	３組	合計
２年	⑦	10	⑦	25
３年	⑦	⑤	12	29
合計	⑦	15	18	⑦

⑦（　　　　　）　⑦（　　　　　）　⑦（　　　　　）

⑤（　　　　　）　⑦（　　　　　）　⑦（　　　　　）

答えは
68ページ

7　あまりのあるわり算

（あまりのあるわり算 ①）

／100点

1 ケーキが 14 こあります。　　1つ8〔40点〕

❶ 4 こずつ 3 つの箱（はこ）に入れると、箱に入っているケーキは、全部（ぜんぶ）で何こでしょうか。

【式（しき）】

答え（　　　　　　　　　）

❷ 14 このケーキを、1 箱に 4 こずつ入れると、何箱できて、何こあまるでしょうか。

【式】 ☐ ÷ ☐ = ☐ あまり ☐

答え（　　　　　　　　　　　　）

❸ ❷の計算の答えをたしかめましょう。

4 × ☐ + ☐ = ☐

2 計算をしましょう。　　1つ10〔60点〕

❶ 9÷4

❷ 17÷3

❸ 34÷5

❹ 47÷6

❺ 25÷8

❻ 40÷9

7　あまりのあるわり算

（あまりのあるわり算 ①）

／100点

1 次の計算の答えのまちがいをなおしましょう。　1つ10〔20点〕

　❶　$58 \div 7 = 7$ あまり 9　　　　（　　　　　）

　❷　$62 \div 7 = 9$ あまり 1　　　　（　　　　　）

2 わりきれるわり算を記号でえらびましょう。　〔10点〕

　あ　$53 \div 6$　　　　　い　$78 \div 8$　　　　　う　$72 \div 9$

　　　　　　　　　　　　　　　　　　　　　（　　　　　）

3 計算をしましょう。　1つ10〔40点〕

　❶　$55 \div 7$　　　　　　　❷　$33 \div 8$

　❸　$46 \div 5$　　　　　　　❹　$26 \div 7$

4 あめが 27 こあります。1 人に 7 こずつ分けると、何人に分けられて、何こあまるでしょうか。また、答えのたしかめもしましょう。　1つ10〔30点〕

【式】

　　　　　　　答え（　　　　　　　　　　）

　　　　　　たしかめ（　　　　　　　　　　）

答えは
68ページ

7　あまりのあるわり算
（あまりのあるわり算 ②）

/100点

1 子どもが 45 人います。1 台の長いすに 7 人ずつすわると、全員がすわるには、長いすは何台いるでしょうか。

【式】　　　　　　　　　　　　　　　　1つ12〔24点〕

答え（　　　　　　　　）

2 りんごが 28 こあります。1 このかごに 5 こずつ入れると、全部かごに入れるには、かごは何こいるでしょうか。

【式】　　　　　　　　　　　　　　　　1つ12〔24点〕

答え（　　　　　　　　）

3 ボールが 68 こあります。1 つの箱に 7 こずつ入れると、全部箱に入れるには、何箱いるでしょうか。　1つ13〔26点〕

【式】

答え（　　　　　　　　）

4 マッチぼうが 19 本あります。右の図のように、3 本使って 1 この三角形を作ると、三角形は何こ作れるでしょうか。　1つ13〔26点〕

【式】

答え（　　　　　　　　）

7 あまりのあるわり算
(あまりのあるわり算②)

1 子どもが 33 人います。

1つ12〔48点〕

① 1台の長いすに 4 人ずつすわっていきます。全員がすわるには、長いすは何台いるでしょうか。

【式】

答え（　　　　　）

② 長いすの数が①のとき、子どもはあと何人まですわれるでしょうか。

【式】

答え（　　　　　）

2 どんぐりが 78 こあります。9 こで首かざりを 1 本作ると、首かざりは何本できるでしょうか。

1つ13〔26点〕

【式】

答え（　　　　　）

3 画びょうが 29 こあります。1 まいの絵に画びょうを 4 こ使ってけいじ板に絵をはると、絵は何まいはれるでしょうか。

1つ13〔26点〕

【式】

答え（　　　　　）

答えは
68ページ

きほん
15

8　10000 より大きい数

／100点

1 次の数のよみ方を漢字で書きましょう。　1つ12〔24点〕

❶　458010　　　　　❷　26704000

（　　　　　　　　　　） （　　　　　　　　　　）

2 次の数を数字で書きましょう。　1つ12〔36点〕

❶　千二百五十三万　　　（　　　　　　　　　　）

❷　10000 を 2 こと、1000 を 3 こと、10 を 7 こあわ
せた数　　　　　　　（　　　　　　　　　　）

❸　1000 万を 8 こと、100 万を 2 こと、10 万を 6 こ
あわせた数　　　　　（　　　　　　　　　　）

3 下の数直線を見て答えましょう。　1つ10〔40点〕

```
        あ              い           20000          う
0       ↓     10000    ↓                   30000   ↓
├─┴─┴─┴─┴─┴─┴─┴─┴─┴─┴─┴─┴─┴─┴─┴─┴─┴─┴─┴─┤
```

❶　いちばん小さい 1 めもりは、いくつを
表しているでしょうか。　（　　　　　　　　　　）

❷　あから⑤のめもりが表す数を書きましょう。

あ（　　　　　　） い（　　　　　　） ⑤（　　　　　　）

かくにん 15

教科書 ⊕110〜119 ページ

月　　日

8　10000 より大きい数

/100点

1 48537216 について答えましょう。　　1つ6〔18点〕

① 次の位の数字は何でしょうか。

　　㋐　一万の位　（　　　　）　　㋑　百万の位　（　　　　）

② 4は、何の位の数が4こあることを表し
ているでしょうか。　（　　　　）

2 □にあてはまる等号か不等号を書きましょう。　1つ6〔24点〕

① 38540 □ 39200　　② 125184 □ 32581

③ 2500+500 □ 3000　　④ 36 □ 4×8

3 次の表をかんせいさせましょう。　1つ5〔40点〕

	10倍した数	100倍した数	1000倍した数	10でわった数
90	㋐	㋑	㋒	㋓
170	㋔	㋕	㋖	㋗

4 次の数を数字で書きましょう。　1つ9〔18点〕

① 1000 を 35 こあつめた数　（　　　　）

② 1億より2千万小さい数　（　　　　）

32—教出版・算数3年

答えは
68ページ

9　円と球

／100点

1 半径 1cm5mm の円と直径 2cm の円をかきましょう。

1つ20〔40点〕

2 コンパスを使って、下の®のアからイまでの長さを①の
線に写し取ると、ウからどこまでの長さになるでしょうか。

〔15点〕

ア
®
イ

①
ウ　　　　　　　　　　エオカキ（　　　　）

3 右の図は、球を半分に切ったときのようすを表していま
す。

1つ15〔45点〕

❶ 球を切った切り口®は、
どんな形になるでしょうか。（　　　　）

❷ ①を球の何というでし
ょうか。（　　　　）

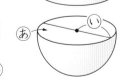
®→　　　①

❸ この球の直径を 10cm とすると、①
の長さは何cm でしょうか。（　　　　）

9　円と球

／100点

1 □にあてはまる数を書きましょう。　　　1つ10〔20点〕

❶　半径が 15cm の円の直径は □ cm です。

❷　直径が 80cm の円の半径は □ cm です。

2 下のように、直径が 2cm の円をならべました。直線アイの長さは、何cm でしょうか。　　〔20点〕

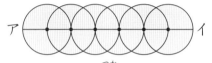

（　　　　　　　）

3 コンパスを使って、下のもようをかきましょう。 1つ20〔40点〕

❶ 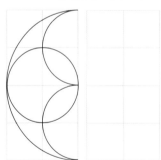　　❷

4 右のように、半径 5cm のボールがぴったり 6 こ入っている箱があります。この箱のたての長さは何cm でしょうか。　1つ10〔20点〕

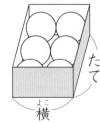

【式】

答え（　　　　　　　）

答えは
69ページ

10　かけ算の筆算

（かけ算の筆算 ①）

／100点

1 ▶ 計算をしましょう。

1つ8〔72点〕

❶　　　１３
　　×　　３

❷　　　３６
　　×　　３

❸　　　３１
　　×　　２

❹　　　４３
　　×　　４

❺　　　１７
　　×　　３

❻　　　６４
　　×　　２

❼　　　２４
　　×　　５

❽　　　７３
　　×　　７

❾　　　２７
　　×　　４

2 ▶ １さつ84 円のノートを9 さつ買うと、代金は何円になるでしょうか。　1つ7〔14点〕

【式】

答え（　　　　　　　　　）

3 ▶ 本を毎日 35 ページずつ読むと、１週間では何ページ読むことになるでしょうか。

1つ7〔14点〕

【式】

答え（　　　　　　　　　）

月　　　日

10　かけ算の筆算
（かけ算の筆算 ①）

／100点

1 計算をしましょう。

1つ6〔60点〕

① 14×6

② 72×5

③ 93×4

④ 26×4

⑤ 25×8

⑥ 79×9

⑦ 65×2

⑧ 42×9

⑨ 87×6

⑩ 34×3

2 1 こ 75 円のおかしを 7 こ買いました。代金は何円になるでしょうか。

1つ10〔20点〕

【式】

答え（　　　　　　　　）

3 りんごを 1 箱に 16 こずつ入れたら、9 箱できて 6 こあまりました。りんごは全部で何こあったでしょうか。　1つ10〔20点〕

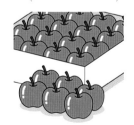

【式】

答え（　　　　　　　　）

答えは
69ページ

10　かけ算の筆算

（かけ算の筆算 ②）

／100点

1 計算をしましょう。

1つ7〔63点〕

❶
```
    1 3 2
  ×     3
```

❷
```
    4 3 7
  ×     2
```

❸
```
    3 0 6
  ×     3
```

❹
```
    5 3 2
  ×     3
```

❺
```
    2 8 7
  ×     6
```

❻
```
    5 0 7
  ×     5
```

❼
```
    3 5 0
  ×     3
```

❽
```
    4 0 9
  ×     6
```

❾
```
    8 9 3
  ×     8
```

2 1こ635円のべんとうを3こ買います。代金は何円になるでしょうか。

【式】

1つ8〔16点〕

答え（　　　　　　　）

3 暗算でしましょう。

1つ7〔21点〕

❶ 23×2　　❷ 16×5　　❸ 19×3

月　　　日

10　かけ算の筆算
（かけ算の筆算 ②）

1 計算をしましょう。 1つ7〔63点〕

❶
```
   2 1 8
 ×     3
```

❷
```
   1 0 9
 ×     9
```

❸
```
   2 5 7
 ×     2
```

❹
```
   1 5 4
 ×     6
```

❺
```
   4 3 5
 ×     6
```

❻
```
   2 6 5
 ×     8
```

❼
```
   3 8 4
 ×     5
```

❽
```
   5 8 0
 ×     3
```

❾
```
   4 0 3
 ×     8
```

2 1 本 162 円のジュースを 8 本買います。代金は何円に
なるでしょうか。 1つ8〔16点〕

【式】

答え（　　　　　　　　　）

3 暗算でしましょう。 1つ7〔21点〕

❶ 13×3　　❷ 82×3　　❸ 49×4

答えは
69ページ

11 重さ

/100点

1 １円玉１この重さは１gです。１円玉が次の数だけあるときの重さは何gでしょうか。 1つ12〔24点〕

❶ 14こ （　　　　　） ❷ 150こ （　　　　　）

2 重さは何gでしょうか。 1つ15〔30点〕

❶

（　　　　　）

❷

（　　　　　）

3 □にあてはまる単位を書きましょう。 1つ12〔24点〕

❶ えんぴつの重さ 6 □

❷ ランドセルの重さ 1 □ 240 □

4 みかんを入れ物に入れて重さをはかったら、650g ありました。入れ物だけの重さは110gです。みかんの重さは何gでしょうか。 1つ11〔22点〕

【式】

答え （　　　　　）

教科書 ⑦ 20〜31 ページ

月　　日

11　重さ

／100点

1 ▶ □にあてはまる数を書きましょう。　　　1つ8〔48点〕

❶ 2kg500g = [　　　] g

❷ 3L = [　　　] mL

❸ 1950g = [　] kg [　　] g

❹ 4m = [　　　] mm

❺ 3kg30g = [　　　] g

❻ 5t = [　　　] kg

2 ▶ 300gの入れ物に、米を入れて重さをはかったら、右の図のようになりました。

1つ8〔32点〕

❶　重さは何kg何gでしょうか。

（　　　　　　　　　　）

❷　❶の重さは何gでしょうか。

（　　　　　　　　　　）

❸　米だけの重さは何kgでしょうか。

【式】

答え（　　　　　　　　　）

3 ▶ 2kg100gの荷物の上に、800gの荷物をのせます。全体の重さは何kg何gでしょうか。

1つ10〔20点〕

【式】

答え（　　　　　　　　　）

答えは
69ページ

12 分数
（分数 ①）

／100点

1 1m のテープを、8等分しました。次の □ にあてはまる数を書きましょう。　1つ10〔20点〕

1 こ分の長さは □ m で、3 こ分の長さは □ m です。

2 色をぬったところの長さは、それぞれ何mでしょうか。分数を使って表しましょう。　1つ10〔20点〕

①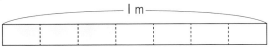

（　　　　）

②

（　　　　）

3 $\frac{1}{3}$L を 2 こ、$\frac{1}{3}$L を 3 こあつめたかさは、それぞれ何L でしょうか。　1つ10〔20点〕

（　　　　）（　　　　）

4 数の大小をくらべて、□ に等号か不等号を書きましょう。　1つ10〔40点〕

① $\frac{5}{7}$ □ $\frac{6}{7}$　　② $\frac{8}{9}$ □ $\frac{2}{9}$

③ 1 □ $\frac{8}{8}$　　④ $\frac{4}{3}$ □ 1

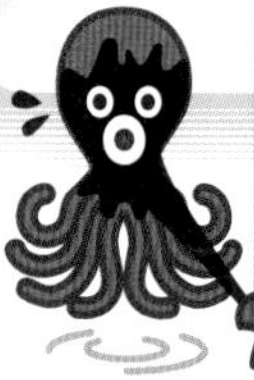

かくにん 20

月　　日

10分

12　分数

(分数 ①)

／100点

1 次（つぎ）のかさになるように、色をぬりましょう。　1つ10〔20点〕

❶ $\frac{2}{7}$L

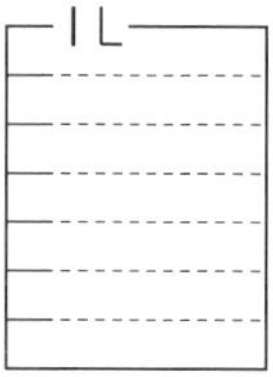

❷ $\frac{7}{9}$L

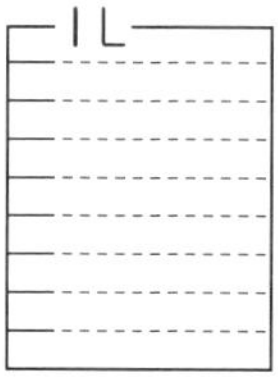

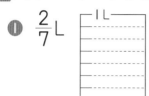

2 次の長さは、$\frac{1}{6}$m を何こあつめた長さでしょうか。

1つ10〔20点〕

❶ $\frac{4}{6}$m（　　　　）　　❷ 1m（　　　　）

3 □にあてはまる数や記号（きごう）を書きましょう。　1つ10〔60点〕

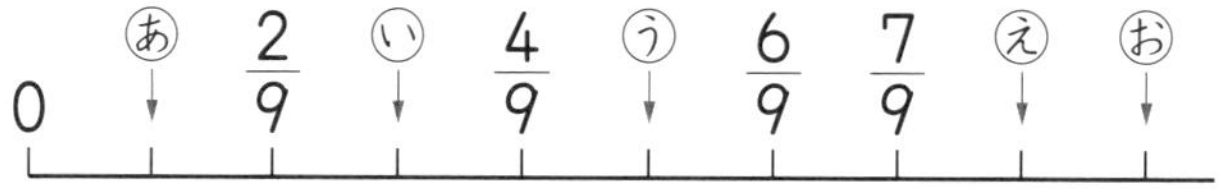

❶ 上の数直線で、あのめもりは□を表（あらわ）しています。

❷ 上の数直線で、1にあたるめもりは□です。

❸ $\frac{7}{9}$は1より$\frac{□}{9}$小さく、$\frac{5}{9}$より$\frac{□}{9}$大きい数です。

❹ $\frac{6}{9}$は$\frac{3}{9}$より$\frac{□}{9}$大きく、1より$\frac{□}{9}$小さい数です。

答えは
70ページ

月　　　日

きほん 21

12　分数
（分数 ②）

／100点

1 計算をしましょう。　　　　　　　　　　　1つ8〔32点〕

① $\dfrac{1}{3}+\dfrac{1}{3}$

② $\dfrac{1}{4}+\dfrac{3}{4}$

③ $\dfrac{3}{7}+\dfrac{2}{7}$

④ $\dfrac{9}{10}+\dfrac{1}{10}$

2 ジュースがコップに $\dfrac{1}{9}$L、紙パックに $\dfrac{7}{9}$L あります。あわせて何L になるでしょうか。　　　　　　1つ9〔18点〕

【式】

答え（　　　　　　　　）

3 計算をしましょう。　　　　　　　　　　　1つ8〔32点〕

① $\dfrac{4}{6}-\dfrac{1}{6}$

② $\dfrac{5}{8}-\dfrac{3}{8}$

③ $1-\dfrac{1}{4}$

④ $1-\dfrac{5}{9}$

4 ジュースが $\dfrac{6}{7}$L あります。$\dfrac{2}{7}$L 飲むと、のこりは何L になるでしょうか。　　　　　　1つ9〔18点〕

【式】

答え（　　　　　　　　）

10分

12　分数
（分数 ②）

／100点

1 計算をしましょう。　　　　　　　　　1つ8〔32点〕

① $\frac{2}{6} + \frac{1}{6}$　　　　　② $\frac{2}{5} + \frac{3}{5}$

③ $\frac{4}{9} + \frac{5}{9}$　　　　　④ $\frac{2}{8} + \frac{3}{8}$

2 赤のリボンが $\frac{3}{9}$ m、青のリボンが $\frac{2}{9}$ m あります。あわせて何m になるでしょうか。

【式】　　　　　　　　　　　　　　　1つ9〔18点〕

答え（　　　　　　　　）

3 計算をしましょう。　　　　　　　　　1つ8〔32点〕

① $\frac{4}{9} - \frac{2}{9}$　　　　　② $\frac{7}{10} - \frac{3}{10}$

③ $1 - \frac{5}{7}$　　　　　④ $1 - \frac{2}{5}$

4 赤のリボンが $\frac{7}{8}$ m、青のリボンが $\frac{5}{8}$ m あります。長さのちがいは何m でしょうか。

【式】　　　　　　　　　　　　　　　1つ9〔18点〕

答え（　　　　　　　　）

答えは
70ページ

13 三角形

／100点

1 下の図の中から、二等辺三角形と正三角形をえらび、記号で答えましょう。

1つ20〔40点〕

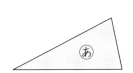   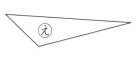

二等辺三角形（　　　　　） 正三角形（　　　　　）

2 次の三角形をかきましょう。

1つ20〔40点〕

❶ 3つの辺の長さが 4cm の正三角形

❷ 3つの辺の長さが 3cm、4cm、3cm の二等辺三角形

3 角が大きいじゅんに記号で答えましょう。

〔20点〕

（　　→　　→　　→　　）

13　三角形

/100点

1 点アを中心とする、半径 **2cm** の円があります。　1つ12〔36点〕

① あは何という三角形でしょうか。

（　　　　　　　　　　）

② いは何という三角形でしょうか。

（　　　　　　　　　　）

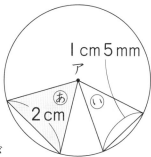

1cm5mm

ア

あ　い

2cm

③　右の図の中に、3つの辺の長さが
2cm、3cm、2cm の三角形をかきましょう。

2 2つの三角定規の角の大きさをく
らべます。　1つ16〔64点〕

① あの角とかの角はどちらが大き
いでしょうか。　（　　　　　　　）

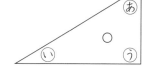

あ
○
い　　う

② いの角とえの角はどちらが大き
いでしょうか。　（　　　　　　　）

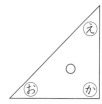

え
○
お　　か

③ うの角と大きさの等しい角はどれでしょうか。

（　　　　　　　　　　）

④ あからえの角の大きさをくらべて、大きいじゅんに記
号で答えましょう。　（　　→　　　→　　　→　　　）

答えは
70ページ

14　□を使った式と図

／100点

1▶ □にあてはまる数を書きましょう。　1つ10〔60点〕

① 23+□=50　② □−13=48

③ □×6=54　④ □÷9=3

⑤ □+42=67　⑥ 560−□=470

2▶ 公園で子どもが 18 人遊んでいました。何人か来たので、全部で 27 人になりました。何人来たでしょうか。わからない数を□として式に表し、□にあてはまる数をもとめましょう。　1つ10〔20点〕

式（　　　　　　　　）　答え（　　　　　　　　）

3▶ みかんを 7 人に同じ数ずつ配ると、全部で 56 こいりました。1 人分のみかんは何こでしょうか。わからない数を□として式に表し、□にあてはまる数をもとめましょう。　1つ10〔20点〕

式（　　　　　　　　）　答え（　　　　　　　　）

14　□を使った式と図

/100点

1 □にあてはまる数を書きましょう。

1つ10〔60点〕

① ◻ +59=98　　② ◻ −59=34

③ ◻ ×7=63　　④ ◻ ÷7=12

⑤ 177+ ◻ =303　⑥ 693− ◻ =477

2 72まいのおり紙を何まいか使うと、のこりが28まい
になりました。何まい使ったでしょうか。わからない数を
□として式に表し、□にあてはまる数をもとめましょう。

1つ10〔20点〕

式 (　　　　　　　　　) 答え (　　　　　　　)

3 何本かのえんぴつを6人で同じ数ずつ分けると、1人
分は8本になりました。えんぴつは全部で何本あったで
しょうか。わからない数を□として式に表し、□にあては
まる数をもとめましょう。

1つ10〔20点〕

式 (　　　　　　　　　) 答え (　　　　　　　)

答えは
70ページ

15　小数

（小数 ①）

／100点

1 次のかさは何 L でしょうか。小数で表しましょう。

1つ10〔20点〕

①（　　　　　）　　②（　　　　　）

2 次のかさになるように、色をぬりましょう。

1つ15〔30点〕

① 0.9L　　　　　② 1.5L

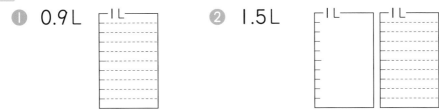

3 □ にあてはまる数を書きましょう。

1つ10〔30点〕

① 2L8dL は、□ L です。

② 6.4 は、1 を □ こと、0.1 を □ こあわせた数です。

③ 0.1 を 27 こあつめた数は、□ です。

4 右の図のように、テープの長さを
ものさしではかりました。　1つ10〔20点〕

① 1mm は、小数で表すと何 cm でしょうか。（　　　　　）

② このテープの長さは何 cm でしょうか。（　　　　　）

15 小数
(小数 ①)

月　　日

／100点

1 □にあてはまる数を書きましょう。　　　　　1つ8〔40点〕

① 4cm7mm は、□ cm です。

② 3L4dL は、□ L です。

③ 1.5L は、□ L □ dL です。

④ 0.1 を 382 こあつめた数は、□ です。

⑤ 1 を 5 こと、0.1 を 3 こあわせた数は、□ です。

2 下の数直線で、㋐から㋓のめもりが表す小数を書きましょう。　　　　　1つ7〔28点〕

```
        ㋐        ㋑  ㋒              ㋓
        ↓        ↓  ↓              ↓
0        1          2        3        4
|−−|−−|−−|−−|−−|−−|−−|−−|−−|−−|−−|−−|−−|−−|−−|−−|
```

㋐（　　　）　㋑（　　　）　㋒（　　　）　㋓（　　　）

3 数の大小をくらべて、□に等号か不等号を書きましょう。　　　　　1つ8〔32点〕

① 2.1 □ 2.3

② 1.6 □ $\frac{7}{10}$

③ 0.4 □ $\frac{10}{10}$

④ $\frac{8}{10}$ □ 0.8

答えは
70ページ

月　　　日

きほん 25

15　小数
（小数 ②）

10分

／100点

1 計算をしましょう。

1つ7〔84点〕

① 3.5＋4.3

② 14.9＋2.7

③ 27.3＋35.4

④ 6.8＋13

⑤ 147＋2.3

⑥ 256＋2.2

⑦ 13.7−5.6

⑧ 37.3−4.5

⑨ 9−4.2

⑩ 26−2.6

⑪ 7.4−3

⑫ 40.8−2.4

2 0.5kg のびんに 3.7kg の小麦粉を入れました。全体の重さは何kg になるでしょうか。

1つ8〔16点〕

【式】

答え（　　　　　　　）

答えは
71ページ

月　　　日

15　小数
（小数 ②）

／100点

1 計算をしましょう。

1つ8〔80点〕

① 8.7＋5.9

② 14.7＋3.3

③ 58＋0.2

④ 66.7＋8.8

⑤ 7.3−6.8

⑥ 12.5−9.8

⑦ 6−0.7

⑧ 14−8.7

⑨ 30.5−1.6

⑩ 21.7−2

2 今週、ゆうきさんは 3.4L、弟は
2.8L の牛にゅうを飲みました。1つ5〔20点〕

① あわせて何L 飲んだでしょうか。

【式】

答え（　　　　　　　）

② ゆうきさんは弟より何L 多く飲んだでしょうか。

【式】

答え（　　　　　　　）

答えは
71ページ

16　2けたの数のかけ算
（2けたの数のかけ算 ①）

／100点

1 計算をしましょう。　　　　　　　　　　　　1つ7〔56点〕

① 3×30　　　　　　② 4×50

③ 13×50　　　　　　④ 23×20

⑤ 43×40　　　　　　⑥ 57×60

⑦ 60×40　　　　　　⑧ 30×90

2 計算をしましょう。　　　　　　　　　　　　1つ8〔24点〕

①
```
    1 4
×   3 2
```

②
```
    2 0
×   2 3
```

③
```
    3 1
×   2 3
```

3 1さつ73円のノートを11さつ買います。代金は何円になるでしょうか。

【式】　　　　　　　　　　　　1つ10〔20点〕

答え（　　　　　　　　　）

16　2けたの数のかけ算
（2けたの数のかけ算 ①）

/100点

1 計算をしましょう。　　　　　　　　　　1つ7〔70点〕

① 8×70

② 19×40

③ 27×50

④ 80×40

⑤ 21×34

⑥ 18×12

⑦ 25×13

⑧ 16×34

⑨ 22×44

⑩ 19×31

2 1セット30まいの色紙が21セット
あります。色紙は全部で何まいあるでし
ょうか。　　　　　　　　　　　1つ7〔14点〕

【式】

答え（　　　　　　　　）

3 1本24cmのリボンが14本あります。リボンは全部
で何cmあるでしょうか。　　　　　　　　　　1つ8〔16点〕

【式】

答え（　　　　　　　　）

答えは
71ページ

きほん 27

16　2けたの数のかけ算
（2けたの数のかけ算 ②）

⏱10分

／100点

1 ▶ 計算をしましょう。　　　　　　　　　　　1つ9〔54点〕

① 　　42
　　×36

② 　　64
　　×53

③ 　　87
　　×24

④ 　　29
　　×37

⑤ 　　58
　　×46

⑥ 　　35
　　×75

2 ▶ くふうして計算しましょう。　　　　　　　1つ10〔30点〕

① 22×30　　② 20×61　　③ 80×65

3 ▶ 1人13回ずつボールを投げて、ボールがとんだきょりを記録します。30人のクラスでは全部で何回ボールを投げることになるでしょうか。　　　　　　　　　　1つ8〔16点〕

【式】

答え（　　　　　　　）

16　2けたの数のかけ算

（2けたの数のかけ算 ②）

10分

／100点

1 くふうして計算しましょう。　　　　　　　　　　1つ10〔60点〕

❶ 17×50　　　❷ 40×15　　　❸ 30×29

❹ 42×70　　　❺ 30×67　　　❻ 5×72

2 お楽しみ会のために、1こ 85 円のおかしを 34 こ買います。代金（だいきん）は何円になるでしょうか。　　　1つ10〔20点〕

【式（しき）】

答え（　　　　　　　　）

3 小麦粉（こむぎこ）を 50g ずつふくろに入れると、ちょうど 65 ふくろできました。小麦粉は何kg何g あったでしょうか。

【式】　　　　　　　　　　　　　　　　　　1つ10〔20点〕

答え（　　　　　　　　）

答えは
71ページ

16　2けたの数のかけ算
（2けたの数のかけ算 ③）

／100点

1 計算をしましょう。　　　　　　　　　　　1つ8〔48点〕

① 　　312
　　×　31

② 　　515
　　×　48

③ 　　634
　　×　79

④ 　　507
　　×　34

⑤ 　　806
　　×　87

⑥ 　　908
　　×　50

2 計算をしましょう。　　　　　　　　　　　1つ8〔32点〕

① 218×45

② 108×93

③ 722×13

④ 529×81

3 365gのかんづめが 12 こあります。全部で何kg何g
になるでしょうか。　　　　　　　　　　　1つ10〔20点〕

【式】

答え（　　　　　　　　　）

答えは
71ページ

月　　　日

10分

16　2けたの数のかけ算
（2けたの数のかけ算 ③）

/100点

1 計算をしましょう。　　　　　　　　　　　1つ10〔60点〕

❶ 123×45

❷ 468×57

❸ 906×63

❹ 708×70

❺ 437×44

❻ 130×21

2 クラスの 32 人で動物園に行きます。入園りょうが 1 人 550 円かかります。入園りょうは全部で何円になるでしょうか。

【式】　　　　　　　　　　　　1つ10〔20点〕

答え（　　　　　　　　）

3 184 まいのおり紙が入っているふくろが 29 ふくろあります。おり紙は全部で何まいあるでしょうか。　1つ10〔20点〕

【式】

答え（　　　　　　　　）

答えは
72ページ

17　倍の計算

／100点

1 大きい水そうには水が**21L**、小さい水そうには水が**7L**入っています。大きい水そうには、小さい水そうの何倍の水が入っているでしょうか。

1つ10〔20点〕

【式】

大	━21L━
小	7L

答え（　　　　　　　）

2 みきさんは、テープを**8cm**切り取りました。ひろしさんは、みきさんの**2**倍の長さのテープを切り取りました。ひろしさんが切り取ったテープは何cmでしょうか。1つ10〔20点〕

【式】

答え（　　　　　　　）

3 次の□にあてはまる数を書きましょう。　1つ15〔60点〕

❶　16dL は 4dL の □ 倍です。

❷　12cm は □ cm の 4 倍です。

❸　2cm の 3 倍の長さは □ cm です。

❹　□ L の 2 倍のかさは 8L です。

答えは
72ページ

教科書 ⓣ 105〜108 ページ

月　　日

10分

17　倍の計算

／100点

1 トマトが赤いかごに 15 こ、白いかごに 5 こ入っています。赤いかごに入っているトマトの数は、白いかごに入っているトマトの数の何倍でしょうか。　1つ12〔24点〕

【式】

答え（　　　　　　　　）

2 ゆかりさんはビー玉を 36 こ、やよいさんは 9 こ持っています。ゆかりさんの持っているビー玉の数は、やよいさんの持っているビー玉の数の何倍でしょうか。　1つ12〔24点〕

【式】

答え（　　　　　　　　）

3 だいちさんは 8 まいカードを持っています。ひさしさんの持っているカードの数は、だいちさんの 3 倍です。ひさしさんは何まいカードを持っているでしょうか。1つ13〔26点〕

【式】

答え（　　　　　　　　）

4 よしこさんはおはじきを 36 こ持っています。よしこさんの持っているおはじきの数は、まいさんの 4 倍です。まいさんは何こおはじきを持っているでしょうか。1つ13〔26点〕

【式】

答え（　　　　　　　　）

答えは 72ページ

18　そろばん

／100点

1 そろばんの部分の名前を書きましょう。　　　　1つ5〔15点〕

❶ (　　　　　)　❷ (　　　　　)　❸ (　　　　　)

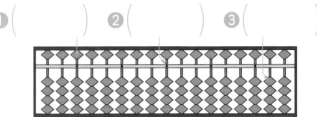

2 次の数を数字で書きましょう。　　　　1つ5〔15点〕

❶ 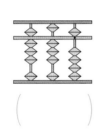　　❷ 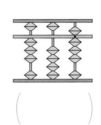　　❸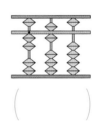

(　　　　)　　(　　　　)　　(　　　　)

3 そろばんで計算しましょう。　　　　1つ7〔70点〕

❶ 16＋2

❷ 7＋9

❸ 19−5

❹ 15−6

❺ 3万＋4万

❻ 7万−4万

❼ 0.5＋0.3

❽ 1.9−0.2

❾ 3.2＋0.8

❿ 2.1−0.3

18　そろばん

/100点

1 ▶ 下の文は、そろばんで計算するときのたまの動かし方を書いたものです。☐にあてはまる数を書きましょう。

1つ13〔52点〕

① 2+4…2 を入れる。⇨ 一だまで 4 が入れられないので、☐ を入れて、入れすぎた ☐ をとる。

② 6−3…6 を入れる。⇨ 一だまで 3 をとれないので、☐ を入れて ☐ をとる。

③ 4+8…4 を入れる。⇨ 8 は 10 より 2 小さい数だから、☐ をとって ☐ を入れる。

④ 12−8…12 を入れる。⇨ ☐ をとって、とりすぎた ☐ を入れる。

2 ▶ そろばんで計算しましょう。

1つ8〔48点〕

① 2+9

② 11−3

③ 6万+5万

④ 18万−4万

⑤ 4.2+1.9

⑥ 3.7−0.4

答えは
72ページ

月　　日

10分

かくにん 31

3年のまとめ
力だめし ①

／100点

1 次の数を数字で書きましょう。　　　　　　　　1つ6〔12点〕

① 100万を8こ、10万を7こ、千を9こあわせた数

（　　　　　　　　　　）

② 0.1を36こあつめた数

（　　　　　　　　　　）

2 数の大小をくらべて、□にあてはまる等号か不等号を書きましょう。　　　　　　　　　　　1つ7〔28点〕

① 41988　□　42210　　② 1.3　□　0.9

③ $\frac{5}{8}$　□　$\frac{3}{8}$　　④ 0.4　□　$\frac{4}{10}$

3 計算をしましょう。　　　　　　　　　　　1つ6〔60点〕

① 297＋753　　　　　　② 521－354

③ 61÷9　　　　　　　　④ 67÷7

⑤ 46×34　　　　　　　⑥ 509×68

⑦ 4.2＋3.6　　　　　　⑧ 5.3－0.7

⑨ $\frac{2}{9}＋\frac{7}{9}$　　　　　　⑩ $1－\frac{6}{8}$

答えは
72ページ

月　　日

10分

3年のまとめ
力だめし ②

/100点

1 右のように、箱の中に同じ大きさのボールがぴったり4こ入っています。ボールの半径は何cmでしょうか。　1つ10〔20点〕

32 cm

【式】

答え（　　　　　　　　　）

2 □にあてはまる数を書きましょう。　1つ10〔40点〕

❶ 2kg=□g

❷ 3km=□m

❸ 3時間=□分

❹ 4分=□秒

3 右の表は、2年生と3年生がどの町から通学しているかを調べたものです。　1つ20〔40点〕

町べつの人数調べ　　　（人）

学年＼町	東町	西町	南町	北町	合計
2年	22	15	9	12	
3年	17	13	14	15	
合計					

❶ 表のあいているところに、あてはまる数を書きましょう。

❷ 3年生は全部で何人でしょうか。

（　　　　　　　　　）

答えは
72ページ

答え

1
3・4ページ

1 ① 0 ② 0 ③ 0 ④ 0

2 ①⑦ 6 ④ 30 ⑦ 42 ② 6

3 ① 6 ② 9 ③ 3 ④ 5
⑤ 7 ⑥ 8

★ ★ ★

1 ① 0 ② 0 ③ 0 ④ 0

2 ①⑦ 18 ④ 5 ⑦ 30 ㉘ 48
②⑦ 16 ④ 5 ⑦ 40 ㉘ 56
③ 5

3 ①⑦ 20 ④ 6 ⑦ 30 ㉘ 50
②⑦ 9 ④ 10 ⑦ 30 ㉘ 39
③ 90 ④ 70

2
5・6ページ

1 ① 40 ② 120 ③ 280
④ 800

2 ① 5、10、300
② 8、560 ③ 9 ④ 7

3 ① 480 ② 280

4 60×2×3=360 答え 360円

★ ★ ★

1 ① 420 ② 400
③ 1200 ④ 3000

2 ① 3、9、630
② 10、400 ③ 6 ④ 9

3 ① 720 ② 540

4 40×5×2=400 答え 4m

3
7・8ページ

1 ① 午後3時40分
② 午後2時15分
③ 40分間

2 ① 1、50 ② 200
③ 1、15 ④ 125

3 ① 分間 ② 秒 ③ 時間

★ ★ ★

1 ① 午前8時30分
② 午前9時30分

2 ① 1時間20分
② 1時間45分
③ 3時間55分

3 ① 1、39 ② 186
③ 2、3 ④ 257

4
9・10ページ

1 ① 897 ② 329 ③ 7641
④ 942 ⑤ 604 ⑥ 1251
⑦ 977 ⑧ 6912 ⑨ 5000

2 729+187=916 答え 916円

3 1287+3406=4693
答え 4693人

★ ★ ★

1️⃣ ❶ 731 ❷ 708 ❸ 9281
　 ❹ 862 ❺ 702 ❻ 1004
　 ❼ 968 ❽ 8032 ❾ 8351
2️⃣ 395＋516＝911 答え 911 人
3️⃣ 3750＋5087＝8837
　　　　　　答え 8837 円

5 11・12ページ

1️⃣ ❶ 724 ❷ 291 ❸ 2695
　 ❹ 643 ❺ 794 ❻ 124
　 ❼ 378 ❽ 2637 ❾ 6231
2️⃣ 605－315＝290 答え 290 まい
3️⃣ 3265－1148＝2117
　　　　　　答え 2117 円

★ ★ ★

1️⃣ ❶ 536 ❷ 402 ❸ 5887
　 ❹ 257 ❺ 881 ❻ 946
　 ❼ 7879 ❽ 309 ❾ 2616
2️⃣ 580＋300＝880
　 1000－880＝120
　　　　　　答え 120 円
3️⃣ 9641－4725＝4916
　　　　　　答え 4916 円

6 13・14ページ

1️⃣ ❶ 859 ❷ 900 ❸ 6895
　 ❹ 8329 ❺ 251 ❻ 763
　 ❼ 4076 ❽ 5643
2️⃣ ㋐ 7 ㋑ 65 ㋒ 65 ㋓ 72
3️⃣ ❶ 68 ❷ 79 ❸ 70 ❹ 62

★ ★ ★

1️⃣ ❶ 855 ❷ 922 ❸ 9394
　 ❹ 7512 ❺ 28 ❻ 372

❼ 3853 ❽ 941
2️⃣ ㋐ 9 ㋑ 22 ㋒ 22 ㋓ 13
3️⃣ ❶ 64 ❷ 33 ❸ 36 ❹ 33

7 15・16ページ

1️⃣ ❶ 719 ❷ 587 ❸ 204
　 ❹ 112 ❺ 279 ❻ 728
2️⃣ 398＋550＝948
　　　　　　答え 948 円
3️⃣ ❶ 500－296＝204
　　　　　　答え 204 円
　 ❷ 1000－296＝704
　　　　　　答え 704 円

★ ★ ★

1️⃣ ❶ 809 ❷ 547 ❸ 101
　 ❹ 202 ❺ 640 ❻ 325
　 ❼ 181
2️⃣ ❶ 200＋198＝398
　　　　　　答え 398 まい
　 ❷ 600－198＝402
　　　　　　答え 402 まい
　 ❸ 198＋600＋122＝920
　　　　　　答え 920 まい

8 17・18ページ

1️⃣ ❶ 20、5
　 ❷㋐ 2、10 ㋑ 3、15
　 ㋒ 4、20
　 ❸ 5　　　　 ❹ 4 ふくろ
2️⃣ ❶ 3 ❷ 9 ❸ 4 ❹ 7

★ ★ ★

1️⃣ ❶ 28÷4 ❷ 4 ❸ 7 本
2️⃣ 81÷9＝9 答え 9 たば

3 ▶ $27 \div 9 = 3$ 答え 3 こ

4 ▶ $16 \div 4 = 4$ 答え 4 まい

9   **19・20ページ**

1 ▶ ⑦ 40、5   答え 8 人

       ⑦ 40、5   答え 8 本

2 ▶ ❶ 3   ❷ 7   ❸ 7   ❹ 2

      ❺ 9   ❻ 8   ❼ 1   ❽ 0

      ❾ 0   ❿ 3

★ ★ ★

1 ▶ 4、4、4、1、1、10

2 ▶ ⑦ 3   ⑦ 30   ⑦ 3

      ㋓ 1   ㋔ 31

3 ▶ ❶ 10   ❷ 20

      ❸ 23   ❹ 11

4 ▶ $63 \div 9 = 7$ 答え 7 cm

10   **21・22ページ**

1 ▶ ❶ 2 cm   ❷ 78 cm

      ❸ 1 m 4 cm（104 cm）

      ❹ 1 m 15 cm（115 cm）

2 ▶ ❶ 道のり…900 m

        きょり…800 m

      ❷ 1300 m、1 km 300 m

3 ▶ ❶ 6000   ❷ 3150

★ ★ ★

1 ▶ ❶ km   ❷ cm、mm

2 ▶ ❶ 16 m 95 cm ❷ 17 m 67 cm

      ❸ 18 m 5 cm

3 ▶ ❶ 4、705   ❷ 2、90

4 ▶ ❶ 1 km 700 m ❷ 3 km 100 m

11   **23・24ページ**

1 ▶

店の数調べ

店	数(けん)
食べ物屋	9
薬 局	6
コンビニエンスストア	4
パン屋	3
病院	7
その他	3
合計	32

2 ▶ ❶ 70 点   ❷ 25 m

      ❸ 700 円

★ ★ ★

1 ▶

すきな色調べ

色	人数(人)
赤	6
青	5
黄	5
緑	3
だいだい	4
その他	2
合計	25

2 ▶ ❶ 5 さつ

      ❷ 30 さつ

12   **25・26ページ**

1 ▶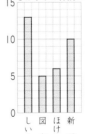

2 ▶ ❶ 6 人

❷ ⑦ 17 ① 11 ⑦ 9 ⑤ 34

★ ★ ★

①
（運動した時間調べ）

❷ ⑦ 9　① 6　⑦ 12　⑤ 5
　⑦ 21　⑦ 54

13　27・28ページ

① ❶ 4×3=12　　　答え 12 こ
　❷ 14 ÷ 4 = 3 あまり 2
　　　答え 3 箱できて、2 こあまる。
　❸ 4 × 3 + 2 = 14
② ❶ 2 あまり 1　❷ 5 あまり 2
　❸ 6 あまり 4　❹ 7 あまり 5
　❺ 3 あまり 1　❻ 4 あまり 4

★ ★ ★

① ❶ 8 あまり 2　❷ 8 あまり 6
② ⑤
③ ❶ 7 あまり 6　❷ 4 あまり 1
　❸ 9 あまり 1　❹ 3 あまり 5
④ 27÷7=3 あまり 6
　答え 3 人に分けられて、6 こあまる。
　たしかめ…7×3+6=27

14　29・30ページ

① 45÷7=6 あまり 3
　6+1=7　　　　答え 7 台

② 28÷5=5 あまり 3
　5+1=6　　　　　答え 6 こ
③ 68÷7=9 あまり 5
　9+1=10　　　　　答え 10 箱
④ 19÷3=6 あまり 1　答え 6 こ

★ ★ ★

① ❶ 33÷4=8 あまり 1
　　8+1=9　　　　答え 9 台
　❷ 4−1=3　　　　答え 3 人
② 78÷9=8 あまり 6　答え 8 本
③ 29÷4=7 あまり 1　答え 7 まい

15　31・32ページ

① ❶ 四十五万八千十
　❷ 二千六百七十万四千
② ❶ 12530000
　❷ 23070
　❸ 82600000
③ ❶ 1000
　❷⑥ 3000　　⑥ 15000
　　⑥ 34000

★ ★ ★

① ❶⑦ 3　① 8　❷ 千万
② ❶ <　❷ >　❸ =　❹ >
③ ⑦ 900　① 9000　⑦ 90000
　⑤ 9　　⑦ 1700　⑦ 17000
　⑦ 170000　　　⑦ 17
④ ❶ 35000　❷ 80000000

16　33・34ページ

①

② カ

③ ❶ 円　❷ 半径(はんけい)　❸ 5cm

★ ★ ★

① ❶ 30　　❷ 40

② 7cm

③ しょうりゃく

④ 5×2=10　10×3=30

答え 30cm

⑰ 35・36ページ

① ❶ 39　❷ 108　❸ 62

❹ 172　❺ 51　❻ 128

❼ 120　❽ 511　❾ 108

② 84×9=756　　答え 756 円

③ 35×7=245　答え 245 ページ

★ ★ ★

① ❶ 84　❷ 360　❸ 372

❹ 104　❺ 200　❻ 711

❼ 130　❽ 378　❾ 522

❿ 102

② 75×7=525　　答え 525 円

③ 16×9=144

144+6=150　　答え 150 こ

⑱ 37・38ページ

① ❶ 396　　❷ 874

❸ 918　　❹ 1596

❺ 1722　　❻ 2535

❼ 1050　　❽ 2454

❾ 7144

② 635×3=1905　答え 1905 円

③ ❶ 46　❷ 80　❸ 57

★ ★ ★

① ❶ 654　　❷ 981

❸ 514　　❹ 924

❺ 2610　　❻ 2120

❼ 1920　　❽ 1740

❾ 3224

② 162×8=1296　答え 1296 円

③ ❶ 39　❷ 246　❸ 196

⑲ 39・40ページ

① ❶ 14g　　❷ 150g

② ❶ 720g　　❷ 270g

③ ❶ g　　❷ kg、g

④ 650g−110g=540g

答え 540g

★ ★ ★

① ❶ 2500　　❷ 3000

❸ 1、950　　❹ 4000

❺ 3030　　❻ 5000

② ❶ 1kg300g　❷ 1300g

❸ 1kg300g−300g=1kg

答え 1kg

③ 2kg100g+800g

=2kg900g　答え 2kg900g

⑳ 41・42ページ

① $\frac{1}{8}$、$\frac{3}{8}$

② ❶ $\frac{3}{7}$m　　❷ $\frac{4}{9}$m

③ $\frac{2}{3}$ L、1L

④ ❶ <　❷ >　❸ =　❹ >

★ ★ ★

1 ①  ②

2 ① 4こ ② 6こ

3 ① $\dfrac{1}{9}$ ② ⊛(お)

③ 2、2 ④ 3、3

---

21 43・44ページ

1 ① $\dfrac{2}{3}$ ② 1 ③ $\dfrac{5}{7}$ ④ 1

2 $\dfrac{1}{9}+\dfrac{7}{9}=\dfrac{8}{9}$　　答え $\dfrac{8}{9}$ L

3 ① $\dfrac{3}{6}$ ② $\dfrac{2}{8}$ ③ $\dfrac{3}{4}$ ④ $\dfrac{4}{9}$

4 $\dfrac{6}{7}-\dfrac{2}{7}=\dfrac{4}{7}$　　答え $\dfrac{4}{7}$ L

★ ★ ★

1 ① $\dfrac{3}{6}$ ② 1 ③ 1 ④ $\dfrac{5}{8}$

2 $\dfrac{3}{9}+\dfrac{2}{9}=\dfrac{5}{9}$　　答え $\dfrac{5}{9}$ m

3 ① $\dfrac{2}{9}$ ② $\dfrac{4}{10}$ ③ $\dfrac{2}{7}$ ④ $\dfrac{3}{5}$

4 $\dfrac{7}{8}-\dfrac{5}{8}=\dfrac{2}{8}$　　答え $\dfrac{2}{8}$ m

---

22 45・46ページ

1 二等辺三角形…あ

正三角形…う

2 ① (4cm の三角形) ② (3cm 3cm 4cm の三角形)

---

3 え→い→あ→う

★ ★ ★

1 ① 正三角形 ② 二等辺三角形 ③【れい】右の図 (3cm の円と ア の図)

2 ① かの角 ② えの角 ③ かの角 ④ う→あ→え→い

---

23 47・48ページ

1 ① 27 ② 61 ③ 9 ④ 27 ⑤ 25 ⑥ 90

2 式 18+□=27　　答え 9

3 式 □×7=56　　答え 8

★ ★ ★

1 ① 39 ② 93 ③ 9 ④ 84 ⑤ 126 ⑥ 216

2 式 72-□=28　　答え 44

3 式 □÷6=8　　答え 48

---

24 49・50ページ

1 ① 0.4 L ② 1.8 L

2 ① ②

3 ① 2.8 ② 6、4 ③ 2.7

4 ① 0.1 cm ② 3.8 cm

★ ★ ★

1 ① 4.7 ② 3.4 ③ 1、5 ④ 38.2 ⑤ 5.3

2 あ 0.8 い 1.6 う 2.1 え 3.5

3 ① < ② > ③ < ④ =

25

51・52ページ

1
1 7.8 2 17.6
3 62.7 4 19.8
5 149.3 6 258.2
7 8.1 8 32.8
9 4.8 10 23.4
11 4.4 12 38.4

2 0.5＋3.7＝4.2 答え 4.2kg

★ ★ ★

1
1 14.6 2 18 3 58.2
4 75.5 5 0.5 6 2.7
7 5.3 8 5.3 9 28.9
10 19.7

2
1 3.4＋2.8＝6.2 答え 6.2L
2 3.4−2.8＝0.6 答え 0.6L

26

53・54ページ

1
1 90 2 200
3 650 4 460
5 1720 6 3420
7 2400 8 2700

2
1
```
   14
 ×32
   28
  42
 448
```
2
```
   20
 ×23
   60
  40
 460
```
3
```
   31
 ×23
   93
  62
 713
```

3 73×11＝803 答え 803円

★ ★ ★

1
1 560 2 760
3 1350 4 3200
5 714 6 216
7 325 8 544
9 968 10 589

2 30×21＝630 答え 630まい
3 24×14＝336 答え 336cm

27

55・56ページ

1
1
```
   42
 ×36
  252
 126
1512
```
2
```
   64
 ×53
  192
 320
3392
```
3
```
   87
 ×24
  348
 174
2088
```
4
```
   29
 ×37
  203
  87
1073
```
5
```
   58
 ×46
  348
 232
2668
```
6
```
   35
 ×75
  175
 245
2625
```
2
1
```
   22
 ×30
  660
```
2
```
   61
 ×20
 1220
```
3
```
   65
 ×80
 5200
```

3 13×30＝390 答え 390回

★ ★ ★

1
1 850 2 600 3 870
4 2940 5 2010 6 360

2 85×34＝2890 答え 2890円
3 50×65＝3250

答え 3kg250g

28

57・58ページ

1
1
```
  312
 × 31
  312
 936
9672
```
2
```
  515
 × 48
 4120
2060
24720
```
3
```
  634
 × 79
 5706
4438
50086
```
4
```
  507
 × 34
 2028
1521
17238
```
5
```
  806
 × 87
 5642
6448
70122
```
6
```
  908
 × 50
45400
```

教出版・算数3年—71

2 ❶ 9810 ❷ 10044
❸ 9386 ❹ 42849
3 365×12=4380
答え 4kg380g

★ ★ ★
1 ❶ 5535 ❷ 26676
❸ 57078 ❹ 49560
❺ 19228 ❻ 2730
2 550×32=17600
答え 17600円
3 184×29=5336
答え 5336まい

29 59・60ページ
1 21÷7=3 答え 3倍
2 8×2=16 答え 16cm
3 ❶ 4 ❷ 3 ❸ 6 ❹ 4

★ ★ ★
1 15÷5=3 答え 3倍
2 36÷9=4 答え 4倍
3 8×3=24 答え 24まい
4 36÷4=9 答え 9こ

30 61・62ページ
1 ❶ 五だま ❷ 定位点
❸ 一だま
2 ❶ 835 ❷ 308 ❸ 2.6
3 ❶ 18 ❷ 16 ❸ 14
❹ 9 ❺ 7万 ❻ 3万
❼ 0.8 ❽ 1.7 ❾ 4
❿ 1.8

★ ★ ★
1 ❶ 5、1 ❷ 2、5

❸ 2、10 ❹ 10、2
2 ❶ 11 ❷ 8 ❸ 11万
❹ 14万 ❺ 6.1 ❻ 3.3

31 63ページ
1 ❶ 8709000
❷ 3.6
2 ❶ ＜ ❷ ＞ ❸ ＞ ❹ ＝
3 ❶ 1050 ❷ 167
❸ 6あまり7 ❹ 9あまり4
❺ 1564 ❻ 34612
❼ 7.8 ❽ 4.6
❾ 1 ❿ $\frac{2}{8}$

32 64ページ
1 32÷4=8 8÷2=4
答え 4cm
2 ❶ 2000 ❷ 3000
❸ 180 ❹ 240
3 ❶

町べつの人数調べ （人）

学年＼町	東町	西町	南町	北町	合計
2年	22	15	9	12	58
3年	17	13	14	15	59
合計	39	28	23	27	117

❷ 59人